Denushika Wijenayaka

Indústria de substratos de coco

Denushika Wijenayaka

Indústria de substratos de coco

Análise da indústria de substratos de coco do Sri Lanka

Imprint

Any brand names and product names mentioned in this book are subject to trademark, brand or patent protection and are trademarks or registered trademarks of their respective holders. The use of brand names, product names, common names, trade names, product descriptions etc. even without a particular marking in this work is in no way to be construed to mean that such names may be regarded as unrestricted in respect of trademark and brand protection legislation and could thus be used by anyone.

Cover image: www.ingimage.com

This book is a translation from the original published under ISBN 978-620-7-65400-0.

Publisher:
Sciencia Scripts
is a trademark of
Dodo Books Indian Ocean Ltd. and OmniScriptum S.R.L publishing group

120 High Road, East Finchley, London, N2 9ED, United Kingdom
Str. Armeneasca 28/1, office 1, Chisinau MD-2012, Republic of Moldova, Europe
Printed at: see last page
ISBN: 978-620-7-89492-5

ANÁLISE DO SECTOR DOS SUBSTRATOS DE COCO
NO SRI LANKA

Denushika Wijenayaka

Filiação: Consarc (Pvt) Ltd
2024

PREFÁCIO

A indústria de substratos de coco no Sri Lanka desempenha um papel crucial na geração de receitas em divisas e de oportunidades de emprego. No entanto, existe uma disparidade significativa entre a procura e a oferta destes produtos no mercado mundial. O presente estudo tem por objetivo identificar os obstáculos que impedem a melhoria da produção e desenvolver e definir as prioridades das estratégias para os ultrapassar. Os principais factores que contribuem para a escassez de matérias-primas são a baixa produção de coco e a ineficiência dos mecanismos de recolha da casca. A principal força da indústria reside na sua grande quota de mercado de produtos de substrato de coco no mercado global, mas a sua natureza de mão de obra intensiva é considerada uma fraqueza. A crescente procura mundial de produtos lavados e tamponados representa uma oportunidade significativa, enquanto a presença de produtos de baixa qualidade representa uma grande ameaça para a reputação dos produtos de substrato de coco de alta qualidade do Sri Lanka. Por conseguinte, o sector requer estratégias competitivas para alcançar e manter o sucesso.

H. M. Denushika Shanthadevi Wijenayaka
Diretor - Finanças
Consarc (Pvt) Ltd

ÍNDICE

1. INTRODUÇÃO

O coco, cientificamente designado por Cocos Nucifera L, é utilizado principalmente pela sua amêndoa, que é utilizada na produção de óleo de coco. A casca, conhecida como pericarpo esponjoso, é normalmente utilizada para fazer fibra de coco e é considerada um subproduto. A medula do coco, que representa cerca de 50 a 60% do peso total da casca, é o material celular elástico semelhante a uma cortiça que forma o tecido não fibroso da casca. De acordo com Nagarajan et. al. (1985), aproximadamente uma tonelada de medula de coco é gerada a partir de cada 10.000 cascas na indústria de coco. Recentemente, a turfa de coco ganhou popularidade como uma alternativa ecológica à turfa em meios de cultivo sem solo para viveiros em contentores e produção de culturas. Estudos demonstraram os benefícios da utilização da turfa de coco, destacando a sua eficácia na promoção do crescimento das plantas. Os resíduos de fibra de coco são processados para remover as partes fibrosas, resultando na turfa de coco, que é depois seca e comprimida em tijolos ou fardos. Embora o Sri Lanka seja um grande produtor e exportador de substratos para cultivo de plantas feitos de turfa de coco, a sua disponibilidade para as indústrias hortícolas a nível local é limitada. Um substrato de alta qualidade para o cultivo de plantas deve fornecer a água, os nutrientes e o oxigénio necessários para um crescimento ótimo das plantas.

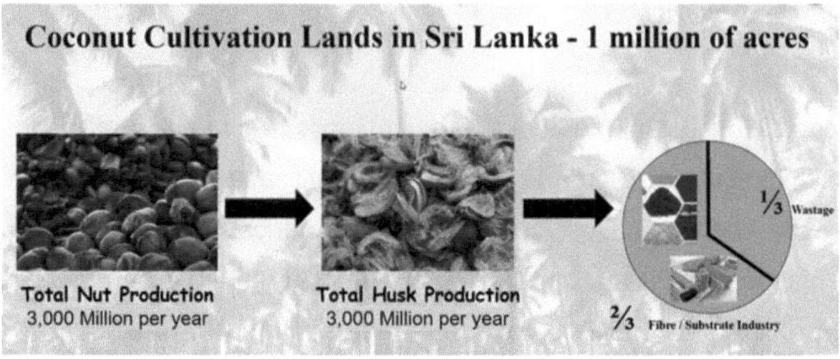
Coconut Cultivation Lands in Sri Lanka - 1 million of acres
Total Nut Production
3,000 Million per year
Total Husk Production
3,000 Million per year
1/3 Wastage
2/3 Fibre / Substrate Industry

2. HISTÓRIA

A indústria de cocopeat no Sri Lanka tem as suas origens na extração tradicional de coco, mas sofreu uma transformação significativa na década de 1960 graças aos esforços de Chas P. Hayleys. Anteriormente, as principais exportações eram a fibra bruta, o fio e a fibra torcida, mas as iniciativas de Hayleys levaram ao aparecimento do cocopeat como subproduto. Antes da década de 1980, o cocopeat era visto como um desperdício e deixado em grandes pilhas em terras não utilizadas. No entanto, os investidores estrangeiros reconheceram o seu potencial como meio de crescimento no início dos anos 80, o que levou ao início das exportações de cocopeat e de produtos de turfa de coco com valor acrescentado. As qualidades da turfa de coco, como a absorção, a retenção de água, a riqueza em nutrientes, o arejamento, o pH neutro e as propriedades antimicrobianas, fazem dela um meio ideal para a agricultura. Ao longo do tempo, a indústria registou um crescimento substancial, com o cocopeat a constituir agora uma parte significativa da produção total de coco. O processo de extração também evoluiu para dar resposta às preocupações ambientais, transformando o que antes era considerado um resíduo numa mercadoria valiosa e sustentável.

A indústria da fibra de coco no Sri Lanka é uma importante indústria rural de base agrícola que oferece uma vasta gama de oportunidades de emprego, em especial no sector da produção de produtos à base de coco. Esta indústria desempenha um papel crucial na obtenção de divisas para o país através da sua abordagem orientada para a exportação. O Sri Lanka é reconhecido como um grande exportador de fibra de coco e produtos afins, sendo a indústria de fibra branca predominantemente realizada por mão de obra local e a indústria de fibra castanha mais orientada para a exportação. A produção de fibra de coco está concentrada nas províncias do Noroeste, Oeste e Sul, com a província do Noroeste a liderar a modernização da indústria da fibra castanha. As áreas tradicionais de produção de coco no sul contribuem com cerca de 10% da produção total, enquanto a maioria, mais de 85%, provém de fábricas de coco nas províncias do Noroeste e do Oeste. O sector do coco é uma fonte vital de receitas em divisas e de emprego no Sri Lanka, com aproximadamente 443 528,17 hectares de terra dedicados ao cultivo do coco. As províncias ocidentais e noroeste são as principais regiões onde os cocos são amplamente cultivados, sendo Kurunegala, Puttalam e Gampaha os principais distritos produtores de cocos, conhecidos como o "Triângulo dos Cocos". O Sri Lanka possui uma vantagem comparativa na plantação de cocos devido a condições favoráveis como o seu património, a localização geográfica, a disponibilidade de mão de obra qualificada e as técnicas tradicionais de transformação. A produção anual de cocos no Sri Lanka é de aproximadamente 3 mil milhões de cocos, sendo 1,8 mil milhões consumidos internamente e o restante exportado.

3. PRODUÇÃO DE SUBSTRATOS À BASE DE COCO

Em toda a ilha do Sri Lanka, existem cerca de 900 fábricas de coco, 600 das quais funcionam continuamente ao longo do ano. Destas, cerca de 200 fábricas foram oficialmente registadas na Autoridade para o Desenvolvimento do Coco. A indústria da fibra de coco dá emprego a 10.000 pessoas diretamente e a 20.000 indiretamente. Cerca de 70-75% dos 3 mil milhões de cascas de coco produzidas anualmente são utilizadas para a produção de fibras e de turfa, enquanto as restantes cascas são guardadas a nível doméstico ou enterradas em covas de coco nas propriedades. A indústria de cocopeat no Sri Lanka registou um crescimento significativo, com uma produção anual de aproximadamente 324.000 MT. O Sri Lanka oferece uma gama diversificada de produtos de cocopeat, incluindo sacos de cultivo, discos de cocopeat, cubos, tampas abertas, tampões de viveiro, fardos de 5kg/25kg, tijolos/briquetes e vários outros produtos de valor acrescentado personalizados.

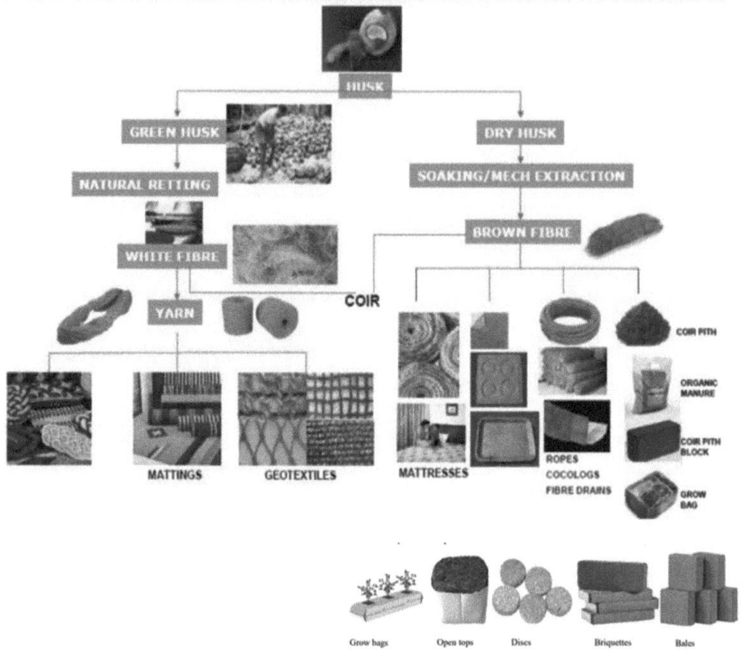

3.1. Tipos de produtos

- Bristol Coir
- Fibra de coco utilizada para cordas e esteiras de corda
- Fibra de coco mista
- A fibra de coco utilizada para colchões Vassouras, escovas, cestos, cordas de fibra de coco, colchões de fibra de coco, tapetes tecidos e cosidos, carpetes e produtos para estofos são fabricados com estas matérias-primas relacionadas com a fibra de coco, havendo uma grande procura destes produtos no mercado internacional.

Côco e produtos à base de côco

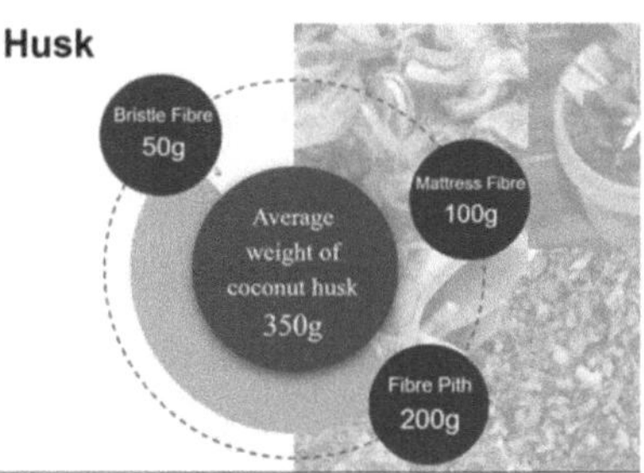

- Produtos de turfa de coco
- Tijolos de turfa de coco
- Sacos de cultivo de turfa de coco
- Briquetes de turfa de coco
- Tabuleiros de turfa de coco
- Vasos de turfa de coco
- Produtos de óleo de coco
- Produtos de água de coco
- Produtos de coco
- Produtos de fibra de coco
- Escovas de cortiça
- Outros produtos de fibra de coco
    - Fibra de Bristol
    - Mistura de fibras de coco
    - Fio de coco
    - Vassouras e escovas
    - Carpetes, tapetes, revestimentos para pavimentos
    - Batatas fritas de casca de coco
    - Vassouras e escovas
    - Carpetes, tapetes, revestimentos para pavimentos
    - Batatas fritas de casca de coco
    - Uma almofada de coco

- Cordel e corda de coco
- Geotêxteis
- Produtos de casca de coco
- Carvão ativado
- Pedaços de casca de coco
- Pó de casca de coco
- Carvão vegetal de casca de coco

Os artigos podem ser encontrados nas formas lavada (baixa CE), não lavada (alta CE), ou tamponada com CaNO3, bem como em misturas de 100% cocopeat, cocopeat & coco chips/fibra, adaptadas às necessidades de várias plantas.

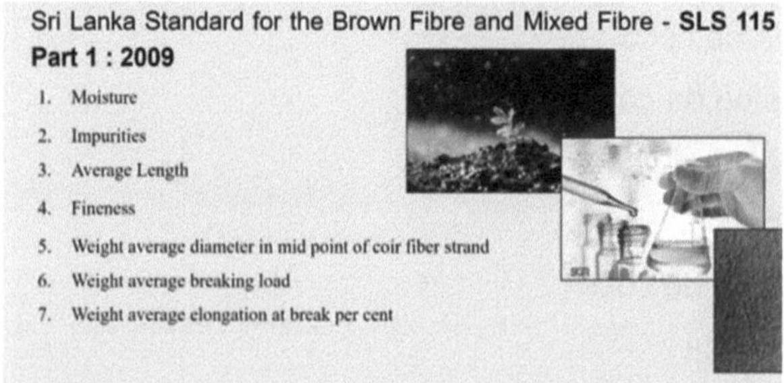

4. GARANTIA DE QUALIDADE DO COCOPEAT E DA FIBRA DE COCO

Parâmetros acreditados de acordo com a norma ISO/IEC 17025

Number	Product	Salmonella	Coliforms	E-coli	Aerobic plate count	Yeast &	Saponification value	Iodine value	Free fatty acid	Chloride	Total	Calcium	Magnesium
1	Desiccated Coconut	√	√	√	√	√							
2	Partially Defatted Desiccated Coconut	√	√	√	√	√							
3	Coconut water	√	√	√	√	√							
4	Copra	√	√	√	√	√							
5	Fresh coconut kernel	√	√	√	√	√							
6	Coir pith Substrates	√	√	√	√	√							
7	Coconut Oil/vegetable oil				√	√	√	√	√				
8	Coconut milk	√	√	√	√	√							
9	Coconut milk Powder	√	√	√	√	√							
10	Coconut Cream	√	√	√		√							
11	Coconut paste	√	√	√		√							
12	Potable water		√	√						√	√	√	√

5.   ANÁLISE DA INDÚSTRIA DO SUBSTRATO DE COCO

Na última década, registou-se um aumento significativo na utilização de pó de coco como componente orgânico em misturas de substratos sem solo (Munroe et al., 2018). O Sri Lanka emergiu como um grande produtor e exportador de produtos de substrato de coco, ganhando divisas de US$ 664,58 milhões em 2020 com as exportações de coco e produtos à base de coco (Exporters Association of Coir-Based Substrates, 2022). Este facto é atribuído à posição vantajosa do Sri Lanka em termos de história, geografia e técnicas de processamento nativas.

Em 2019, a indústria de substratos de coco no Sri Lanka gerou receitas de exportação de 135 milhões de USD, representando 22% das receitas totais de exportação das indústrias à base de coco (Exporters Association of Coir-Based Substrates, 2022). A procura de produtos de substrato de coco do Sri Lanka contribuiu para a posição de liderança do país no mercado mundial (Rosairo et al., 2004). Contudo, apesar deste sucesso, os fabricantes continuam a ter dificuldades em satisfazer a elevada procura destes produtos (Industrial Development Board of Sri Lanka e Industrial Services Bureau, 2007).

A descoberta do potencial da turfa de coco como meio de crescimento teve um impacto significativo na indústria do coco. Outrora considerada um subproduto perigoso, é atualmente a principal fonte de receitas de exportação. A indústria de substratos de coco tem registado uma tendência ascendente nas exportações, embora tenha havido flutuações nos últimos anos. Apesar de um aumento do volume, o crescimento percentual tem sido modesto, com um incremento mínimo observado em 2019. Esta diminuição do crescimento das exportações é uma questão crítica para as receitas globais do país.

Os substratos hortícolas, que consistem principalmente em matéria orgânica natural, são essenciais para o crescimento das plantas. Embora o solo seja normalmente utilizado, as práticas modernas de horticultura estão a adotar cada vez mais meios especializados que respondem a necessidades específicas das plantas. Os substratos mais populares na horticultura incluem a turfa de esfagno, a casca de árvore, a fibra de coco, a perlite, a vermiculite e as lãs minerais. O aumento da utilização de substratos de fibra de coco pode ser atribuído a factores como a fácil disponibilidade, a redução das preocupações ambientais durante a eliminação, o preço competitivo e a facilidade de instalação.

Nos últimos anos, os sectores da fibra de coco e dos substratos no Sri Lanka enfrentaram desafios, tal como salientado por vários estudos. Estes desafios incluem questões como preocupações ambientais, barreiras comerciais e falta de investigação e desenvolvimento, o que levou ao colapso da indústria das fibras de coco. As estratégias de recuperação propostas visam resolver estes obstáculos, especialmente em regiões como a Província do Noroeste, onde as PME carecem de inovação. Os estudos académicos propuseram estratégias para garantir benefícios justos para os trabalhadores à medida que a indústria da fibra de coco se expande a nível mundial, tirando conclusões dos contextos do Sri Lanka e da Índia.

5.1. Pontos fortes

A indústria da fibra de coco possui uma vantagem única devido à sua capacidade de regeneração contínua. Ao contrário da madeira tradicional, que depende de árvores com uma vida útil de 20-30 anos, os cocos produzem a cada 40-50 dias ao longo do ano. Além disso, a fibra de coco tem um teor de lenhina mais elevado, de 46%, em comparação com as melhores madeiras, como a madeira de teca, que tem 39% de lenhina. Este teor mais elevado de lenhina torna a fibra de coco mais durável e resistente a insectos e térmitas. A casca do coco, que é obtida após a colheita do coco, fornece fibras valiosas para vários produtos, como cordas, tapetes, colchões, geotêxteis e madeira de coco. Além disso, a extração da fibra de coco da casca também produz medula de coco, que tem um potencial significativo tanto para o mercado interno como para a exportação.

- A indústria de substratos de fibra de coco utiliza cascas e subprodutos de indústrias à base de fibras para criar produtos de valor acrescentado.

- Os produtos de fibra de coco e de substrato de fibra de coco do Sri Lanka têm uma quota de mercado significativa no mercado mundial.

- A indústria satisfaz as diversas necessidades dos clientes, fabricando produtos em conformidade.

- A indústria produz uma vasta gama de produtos diversificados.

- A indústria de substratos de fibra de coco centra-se no desenvolvimento orientado para a exportação.

- As fábricas de produção implementam adaptações para minimizar o desperdício.

- A indústria adere às BPF e a outros requisitos de qualidade internacionalmente aceites.

- Os fabricantes do Sri Lanka estabeleceram uma forte reputação como fornecedores de produtos de substrato de fibra de coco de alta qualidade no mercado internacional.

- O sector beneficia de uma mão de obra qualificada.

- Os recursos naturais são utilizados para fins de secagem.

- A indústria tem uma vasta experiência no fabrico de produtos de substrato de fibra de coco.

- Na produção são utilizados apenas materiais disponíveis localmente.

5.2. Pontos fracos

- O sistema de recolha inadequado está a provocar uma escassez de cascas, o que constitui um problema.

- As cascas dos cocos utilizados no mercado interno não estão a ser eficazmente utilizadas.

- Há falta de sensibilização e de apoio à comercialização das várias utilizações das cascas de coco.

- As agências de desenvolvimento internacionais e multinacionais não apreciam plenamente os aspectos de desenvolvimento sustentável da utilização de produtos de coco.

- Atingir objectivos ambientais ecológicos pode ser um desafio devido à necessidade de processos de tamponamento e lavagem.

- O acesso limitado a instalações laboratoriais pode dificultar o progresso da investigação e do desenvolvimento.

● A falta de informação de mercado sobre as tendências globais pode dificultar a manutenção da competitividade.

● A existência de instalações de secagem inadequadas pode atrasar a produção e afetar a eficiência.

● A dependência de fontes de energia externas em vez de utilizar opções renováveis como os sistemas solares pode prejudicar os esforços de sustentabilidade.

● A insuficiência de actividades promocionais nos mercados internacionais pode limitar o alcance e a visibilidade dos produtos.

● A natureza de mão de obra intensiva da indústria pode colocar desafios adicionais em termos de produtividade e relação custo-eficácia.

5.3. Oportunidades

● A expansão para os mercados externos exige que se tire o máximo partido do potencial da marca ecológica para promover as exportações de vários produtos.

● A procura global de produtos lavados e tamponados está a aumentar.

● Os consumidores preferem cada vez mais os sistemas hidropónicos naturais e ecológicos.

● A taxa de câmbio está a registar uma tendência ascendente.

● O governo está a trabalhar ativamente para minimizar o desperdício de casca através do programa "Kapruka".

● O governo está a fornecer orientações sobre a manutenção da qualidade dos produtos à base de fibra de coco.

● O governo está a ajudar a identificar oportunidades no mercado internacional.

● As associações ligadas à indústria estão a apoiar o sector.

● Existe um potencial para criar mais produtos de valor acrescentado a partir das matérias-primas atualmente exportadas.

● Os produtos de substrato de fibra de coco do Sri Lanka têm potencial para se expandirem para novos mercados mundiais.

5.4. Ameaças

Os produtos de fibra de coco do Sri Lanka enfrentam uma concorrência intensa nos mercados internacionais, em especial por parte da Índia, do Vietname, da Indonésia e de outros países. Estes países têm uma vantagem geográfica, o que resulta em custos de transporte mais baixos para os mercados europeus. Além disso, o crescimento das indústrias petroquímicas levou à produção de fibra plástica sintética, o que representa um desafio competitivo para os produtos de fibra de coco em segmentos como corda, tapete, carpetes e construção. Além disso, existem preocupações sobre a poluição ambiental devido a sistemas inadequados de tratamento e eliminação de resíduos líquidos e efluentes gerados durante o processamento.

● A adição de areia e a contaminação com estrume animal conduziram a uma diminuição da qualidade das matérias-primas.

● Existem produtos alternativos ou substitutos mais baratos disponíveis no mercado.

● Os países produtores de substratos à base de coco enfrentam uma concorrência crescente no mercado mundial.

● A disponibilidade limitada de matérias-primas para a produção deve-se a uma diminuição da produção de cocos.

● As pragas causaram danos às cascas de coco, resultando numa disponibilidade limitada de matérias-primas para a produção.

● Mecanismos ineficientes de recolha de cascas contribuem para a disponibilidade limitada de matérias-primas para a produção.

● A exportação de frutos secos frescos conduziu a limitações na disponibilidade de matérias-primas para a produção.

● O custo de produção está a aumentar.

● A reputação dos produtos de alta qualidade do Sri Lanka está a ser prejudicada por alguns produtos de baixa qualidade.

6. EXPORTAÇÃO DINÂMICA

Em 2022, as exportações de cocopeat deram um contributo significativo para a economia do Sri Lanka, gerando 181,14 milhões de dólares. Este valor representou 22,2 % do total das exportações de coco. Embora uma grande parte do cocopeat produzido seja destinada à indústria de exportação, apenas uma pequena fração é utilizada para a produção local em estufa nos sectores da horticultura e da floricultura. A combinação única de clima tropical e solo no Sri Lanka resultou em produtos de coco com capacidades excepcionais de retenção de água e expansão. Como resultado, as nossas exportações chegaram com êxito a mais de 100 destinos em todo o mundo, satisfazendo a procura específica destas qualidades intrínsecas.

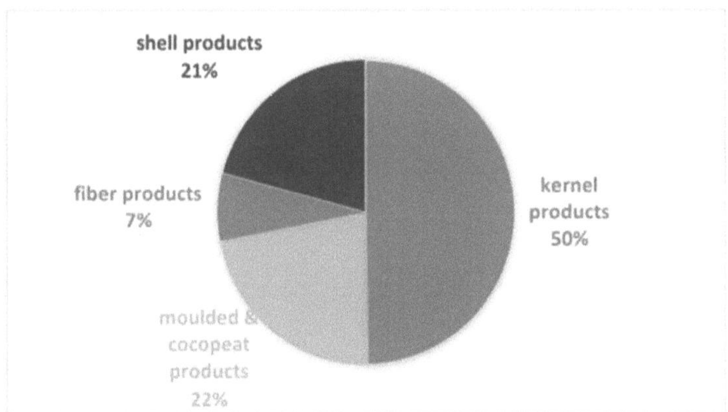

Os produtos Cocopeat servem atualmente as necessidades das indústrias da horticultura e da floricultura, tanto no interior como no exterior. São também utilizados como cama e pavimento para animais, bem como em várias outras indústrias.

O mercado de cocopeat, avaliado em US $ 2,27 bilhões em 2022, está previsto para atingir US $ 3,8 bilhões em 2031 com um CAGR de 4,4%, com foco em aplicações na agricultura, horticultura, floricultura, cama / piso para animais, embalagens e outros setores. A Indonésia lidera os fornecedores mundiais de turfa de coco, com exportações no valor de cerca de 500,27 milhões de dólares, seguida da Índia, com 344 milhões de dólares em 2022, o que remonta às exportações iniciais do Sri Lanka. Outros países como o Vietname, o Brasil, as Filipinas e a Tailândia mudaram o foco para a produção de cocopeat e fibras, desafiando a posição de mercado do Sri Lanka.

A China, os Países Baixos, a Rússia e o Quénia são reexportadores na indústria da medula de coco, oferecendo oportunidades e ameaças à expansão do mercado e à dinâmica da concorrência. As flutuações de preços no mercado global de medula de coco têm sido significativas, com uma queda média de 68% nos preços em 2022 devido a perturbações no mercado chinês causadas pela pandemia de Covid-19.

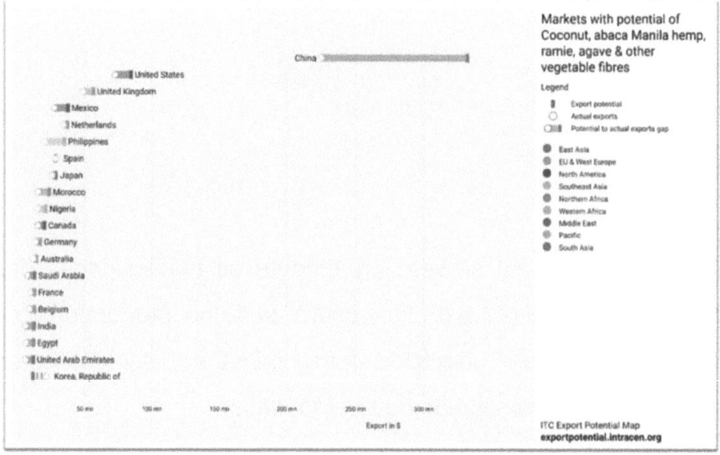

A tendência atual na agricultura está a mudar para práticas amigas do ambiente, com um enfoque na redução do impacto ambiental, minimizando a utilização de produtos químicos e optando pela turfa de coco como meio de cultivo, especialmente na Europa.

O aumento da população mundial para mais de 8 mil milhões de pessoas suscitou preocupações quanto à segurança alimentar, particularmente evidenciadas por acontecimentos como a pandemia de COVID-19. A produção de culturas sustentáveis durante todo o ano é agora uma prioridade para garantir o fornecimento contínuo de alimentos, o que abre oportunidades para o cocopeat se expandir para os mercados globais, promovendo simultaneamente a sustentabilidade e o respeito pelo ambiente.

A adoção de técnicas agrícolas modernas, como a policultura, a agricultura vertical e a agricultura hidropónica, está a aumentar globalmente para melhorar a produção durante todo o ano e a eficiência do espaço, o que conduz a um aumento da procura de turfa de coco.

A turfa de coco está a ganhar popularidade na agricultura biológica devido às suas propriedades amigas do ambiente e à sua compatibilidade com as práticas biológicas, oferecendo benefícios como a regulação das fito-hormonas, o reforço da microflora do solo e a melhoria da capacidade de troca catiónica, o que a torna uma escolha sustentável para a agricultura.

A Cocopeat oferece inúmeras vantagens em relação a substitutos como a turfa e a lã de rocha. Tem um impacto ambiental mínimo durante a extração e eliminação, é fácil de manusear, menos propensa à compactação e adequada para uma vasta gama de culturas.

Para além de ser um meio de cultura, o cocopeat fornece fito-hormonas que regulam o crescimento das plantas, melhora a saúde do solo através da melhoria da microflora e da capacidade de troca catiónica e apoia as actividades microbiológicas. A sua reutilização até cinco anos e a sua capacidade de compostagem fazem dele uma escolha ecológica.

Estes benefícios levaram a que o cocopeat ganhasse popularidade na agricultura sem solo, substituindo gradualmente os meios de cultivo tradicionais.

O aumento do cultivo de canábis em todo o mundo, impulsionado pela alteração da regulamentação e pelo maior reconhecimento dos seus benefícios, criou novas oportunidades para a turfa de coco. Sendo um meio de cultivo fiável, a turfa de coco está agora a ser exportada para o cultivo de canábis, tanto no interior como no exterior, apresentando uma perspetiva lucrativa. Com a expansão do mercado da canábis e a evolução da regulamentação, o cocopeat está bem posicionado para satisfazer a procura crescente. Estão a ser desenvolvidos produtos de turfa adaptados, prontos a utilizar e que respondem às necessidades específicas das plantas. Estes produtos têm em conta factores como a composição do solo, as condições climáticas e a fase de crescimento da planta. Eliminam a necessidade de ajustes no pH, na condutividade eléctrica (CE) e nos nutrientes, uma vez que estas propriedades já estão ajustadas para satisfazer os requisitos precisos da planta ou da sua fase de crescimento. Isto é particularmente vantajoso para aplicações instantâneas, tais como plugs de viveiro concebidos para o cultivo eficiente de mudas de morango.

Uma tendência notável no mercado global é a procura crescente de "turfa preta", um tipo de cocopeat que se decompõe naturalmente, resultando numa textura compostada e numa cor castanha escura/preta. Ao longo do tempo, estas turfas têm sido naturalmente lavadas pela água da chuva, conferindo-lhes propriedades inerentes que eliminam a necessidade de ajustes químicos tipicamente exigidos na turfa de coco crua ou fresca. Esta caraterística única faz com que a turfa preta seja muito procurada, oferecendo uma qualidade distinta moldada por processos naturais e factores ambientais.

7. POLÍTICA GOVERNAMENTAL

As intervenções políticas devem ter por objetivo criar uma cadeia de valor nacional competitiva para a fibra de coco e produtos conexos, garantindo a sustentabilidade. A Autoridade para o Desenvolvimento do Coco (CDA) e o Conselho para o Desenvolvimento das Exportações (EDB) são os principais organismos governamentais que impulsionam o desenvolvimento e a promoção das exportações da indústria do coco do Sri Lanka através de vários programas. Várias instituições, incluindo o Coconut Research Institute (CRI), o Industrial Institute of Technology (ITI), o Industrial Development Board (IDB) e as universidades, estão ativamente envolvidas no desenvolvimento e na partilha de tecnologia para produtos de coco e de miolo com valor acrescentado no Sri Lanka.

7.1. Objectivos do Governo

- Maximizar a utilização das cascas de coco nas regiões produtoras de coco para a extração de fibra de coco.
- Concentra-se na melhoria da qualidade da fibra de coco, do fio e dos produtos conexos.
- Promover o empoderamento das mulheres através da valorização dos produtos e da medula da fibra de coco.
- Esforço para obter zero resíduos na extração de fibras e nos processos de fabrico.
- Apoiar a modernização e o avanço tecnológico dos diferentes sectores da indústria da fibra de coco para aumentar a competitividade.

- Oferecer apoio ao desenvolvimento da capacidade dos sectores industriais e da mão de obra para fazer face ao aumento previsto da produção e transformação de fibras.
- Expandir os mercados internos e de exportação de produtos de fibra de coco para garantir rendimentos rentáveis para os produtores e salários justos para os trabalhadores.

8. DESAFIOS ENFRENTADOS PELA INDÚSTRIA DE SUBSTRATOS DE COCO NO SRI LANKA

8.1. Desafios da regulamentação governamental

- A extração de fibras nas fábricas de fibra de coco depende em grande medida da eletricidade como fonte de energia. Consequentemente, qualquer aumento das tarifas de eletricidade tem um impacto direto na produção e aumenta o custo global da produção. O Sri Lanka, que exporta cerca de 80% da sua fibra de coco, enfrenta uma forte concorrência da Índia, da Indonésia e das Filipinas, os principais países produtores de fibra de coco do mundo.

- Além disso, a restrição das exportações provocou provavelmente um declínio de cerca de 25% nas operações das fábricas de fibras de coco, agravando os já elevados custos de produção resultantes do aumento das tarifas de eletricidade.

- A crise económica no Sri Lanka agravou ainda mais os desafios enfrentados pela indústria da fibra de coco, levando a uma perda estimada de 2000 a 4000 postos de trabalho. Esta perda de postos de trabalho teve um impacto significativo na mão de obra e nos seus meios de subsistência.

8.2. Políticas comerciais

- Acordos comerciais

  Entre 1996 e 2001, o México exportou uma média de 1140 MT de fibra de coco, enquanto os Estados Unidos importaram 12000 MT e o Canadá importou 250 MT em 2000. A implementação do Acordo de Comércio Livre da América do

Norte (NAFTA) em 1994 levou à eliminação gradual das barreiras comerciais entre os EUA, o Canadá e o México durante um período de 15 anos. Consequentemente, os países da América do Norte podem atualmente importar fibra de coco mexicana com direitos aduaneiros mínimos ou nulos, o que constitui uma ameaça para países como o Sri Lanka que exportam quantidades significativas de fibra de coco para os EUA e o Canadá.

- Barreiras não pautais

Os países em desenvolvimento capazes de aumentar as exportações de produtos manufacturados de mão de obra intensiva deparam-se com obstáculos como as medidas anti-dumping, as normas laborais e as barreiras técnicas, que são barreiras não pautais que afectam as exportações destes países. A Conferência das Nações Unidas sobre Comércio e Desenvolvimento (UNCTAD), em 2002, salientou estes desafios, incluindo o facto de a fibra de coco do Sri Lanka e os produtos conexos estarem sujeitos a estes obstáculos.

- Barreiras pautais

As nações desenvolvidas aplicam geralmente barreiras pautais às importações, sendo que as tarifas elevadas visam frequentemente produtos de interesse para os países em desenvolvimento. A fibra de coco e os produtos de fibra de coco são alguns dos artigos que enfrentam barreiras pautais nos mercados globais, com direitos de importação para a fibra de coco do Sri Lanka que variam entre 0,1% e 25%. Apesar disso, o Sri Lanka recebe privilégios de direitos nulos para certos produtos de países como a Austrália, a UE e o Japão, juntamente com regimes pautais preferenciais como o Sistema de Preferências Generalizadas. Fernandez (2003) recomenda que a fibra de coco e os produtos relacionados recebam o estatuto de direitos nulos devido ao seu carácter ecológico.

8.3. Problemas de recursos humanos

- Riscos profissionais

  Apesar de ter uma longa história, a indústria de fibra de coco do Sri Lanka ainda se baseia em métodos e tecnologias tradicionais, carecendo de uma mecanização completa. O processo de moagem húmida, especificamente a utilização do tambor de Ceilão, envolve segurar manualmente a casca contra tambores rotativos para extrair a fibra das cerdas. Embora este método produza fibras de alta qualidade, apresenta riscos significativos, levando a acidentes e ferimentos. Embora algumas fábricas forneçam equipamento de proteção, os trabalhadores hesitam em usá-lo devido às condições inadequadas e aos inconvenientes. Por conseguinte, este processo de extração não foi adotado por outros países.

- Condições de trabalho inseguras e anti-higiénicas nas fábricas

  As fábricas e os moinhos têm uma quantidade significativa de poeiras, que não são devidamente tratadas por sistemas de ventilação adequados. Estas poeiras provocam problemas respiratórios como a asma e as alergias. Infelizmente, a maioria dos trabalhadores destas fábricas não faz exames médicos regulares, o que resulta numa relutância geral em trabalhar nestes ambientes.

- Escassez e sazonalidade da mão de obra
A escassez de mão de obra na indústria da fibra de coco do Sri Lanka é exacerbada pela disponibilidade de melhores opções de emprego alternativas, o que torna difícil para os moinhos de coco atrair trabalhadores durante os períodos de maior procura de mão de obra.

O trabalho numa fábrica é muitas vezes considerado um último recurso para os trabalhadores, o que leva a uma falta de interesse da geração mais jovem em ingressar na indústria, resultando no encerramento de várias fábricas locais.

Para além da escassez de mão de obra, os moleiros enfrentam flutuações de preços e instabilidade do sector, sem um preço mínimo ou garantido para os seus produtos, o que obriga os empresários a procurar oportunidades de negócio alternativas para sustentar a sua força de trabalho.

- Reconhecimento social negativo
O processo de extração da fibra de coco envolve o despejo das cascas em poços cheios de água durante cerca de 4-6 semanas antes da extração, um método conhecido como retting. Durante este período, a água nos poços torna-se rançosa devido a actividades microbianas e químicas, resultando num odor desagradável. Os trabalhadores são obrigados a entrar nestes poços para remover as cascas, o que constitui um desafio para atrair uma mão de obra mais

jovem. Além disso, a indústria carece de reconhecimento e respeito, pois é vista como um sector sujo e de baixo prestígio, o que tem um impacto negativo na sua reputação.

8.4. Restrições à exportação e padrões de comércio

- Subcotação dos preços pelos pequenos exportadores
  No Sri Lanka, há exportadores de fibras em pequena escala que inicialmente atraem compradores com preços mais baixos, mas lutam para manter uma qualidade consistente e satisfazer a procura do mercado. Como resultado, os compradores acabam por rescindir os seus contratos e voltam-se para outros países, o que leva a um declínio das exportações. O Conselho de Desenvolvimento das Exportações e outras instituições governamentais do Sri Lanka apoiam estes pequenos produtores. Ao contrário do Sri Lanka, a Índia mantém um preço mínimo para os produtos de fibra de coco, impedindo a subcotação dos preços pelos comerciantes.

- Custo elevado do transporte marítimo
  O Sri Lanka, sendo uma ilha, enfrenta custos de frete marítimo elevados que afectam o preço de exportação dos seus produtos finais. Em contrapartida, a Índia utiliza um sistema de transporte terrestre para exportar os seus produtos, o que afecta as suas exportações, uma vez que os consumidores tendem a optar por produtos mais baratos provenientes de outros países. A indústria da fibra de coco foi gravemente afetada pela recente introdução de um prémio de risco de guerra, que conduziu a um aumento das taxas de frete.

Consequentemente, o não fornecimento atempado e ao preço acordado levou a que os compradores procurassem fornecedores alternativos. Esta desvantagem prevalecerá no sector da fibra de coco enquanto a região do Sul da Ásia continuar a ser uma zona de risco de guerra.

8.5. Estratégia de produto e marketing

- Ausência de normas reconhecidas internacionalmente

Na ausência de normas específicas, a prestação de um serviço ao cliente satisfatório torna-se um desafio. Por exemplo, é impossível distinguir entre diferentes quantidades de fibras numa fibra torcida feita com 50% de fibra de colchão e 50% de O-mat, devido ao facto de se desconhecerem as dimensões de cada tipo de fibra após a mistura. Esta falta de normas não só afecta a qualidade do produto, como também conduz a um aumento das reclamações de qualidade por parte dos clientes, impedindo o desenvolvimento da fibra de coco como produto de qualidade superior.

Apesar da elevada procura de produtos de fibra de coco nos mercados ocidentais e europeus, as empresas exportadoras de fibras do Sri Lanka enfrentam obstáculos para cumprir as normas internacionais. Embora algumas empresas possuam a certificação ISO 9000, os produtos têm de cumprir várias certificações, como os certificados fitossanitários e SGS exigidos por mercados importantes como a França, a Alemanha e os EUA. O não cumprimento destas normas resulta na relutância dos compradores em importar do Sri Lanka, realçando a importância de estabelecer e aderir às normas da indústria para a competitividade global.

- Baixo valor acrescentado

O Sri Lanka concentra-se essencialmente na exportação de fibra de coco como matéria-prima, mas não envida esforços suficientes para aumentar as exportações de produtos de valor acrescentado. No mercado mundial, a fibra de coco representa 90% da quota de mercado em termos de volume. Países como a Índia, as Filipinas, a Malásia, a Indonésia e o Vietname destacam-se por acrescentarem valor aos seus produtos de fibra de coco, com potencial para aumentar o seu valor em 200-300%. Comparando as receitas, é evidente que, apesar de os produtos de valor acrescentado representarem apenas 10% das exportações, geram mais receitas para o país do que a matéria-prima da fibra de coco.

- Comercialização deficiente dos produtos

A falta de assistência e apoio adequados aos potenciais produtores e investidores do sector é evidente, impedindo o seu progresso. Apesar de os inventores descobrirem novos produtos, não lhes é dada orientação ou incentivo para desenvolverem os seus produtos com vista ao sucesso comercial. Consequentemente, os investidores ficam desmotivados. Além disso, os procedimentos morosos envolvidos na introdução de um novo produto no mercado atrasam ainda mais o seu lançamento. Por exemplo, o processo de fabrico de materiais de embalagem utilizando medula de coco para eletrónica foi descoberto há mais de uma década, mas ainda não funciona à escala comercial.

Infelizmente, este é um problema comum em muitas indústrias do Sri Lanka, impedindo a comercialização global de produtos.

- Fraca participação em feiras e exposições internacionais

Os comerciantes do Sri Lanka enfrentam dificuldades em participar em feiras comerciais internacionais devido aos elevados custos envolvidos. A assistência financeira do governo tem sido limitada, o que dificulta ainda mais a sua participação. Em contrapartida, a Índia reconhece os benefícios destas feiras comerciais e conta com a participação de um maior número de comerciantes, o que conduz a um aumento das negociações e das exportações.

- Má qualidade dos produtos

De acordo com Luchs (1990), a qualidade é a vantagem competitiva mais poderosa para as empresas. Isto é especialmente verdade no mercado de exportação, onde a qualidade é uma preocupação fundamental. No entanto, na indústria de fibras de coco do Sri Lanka, que é essencialmente constituída por indústrias artesanais geridas por empresários com menos habilitações, não é dada a devida importância à qualidade dos produtos. Por exemplo, as cordas fabricadas em muitas fábricas do Sri Lanka carecem de uniformidade, o que é crucial para a sua resistência à rutura. Para resolver este problema, a Autoridade para o Desenvolvimento do Coco efectua testes de amostras antes da expedição e emite certificados de qualidade aos exportadores de fibras registados. Isto ajuda a manter os padrões de qualidade e garante que os produtos satisfazem os requisitos do mercado global. No entanto, há alguns exportadores não registados que conseguem exportar produtos de qualidade inferior, o que resulta em rejeições por parte dos compradores estrangeiros. Estes compradores estão particularmente atentos a materiais estranhos, como areia, pedaços de vidro, pedras, metais, insectos e cabelos, encontrados nos produtos de fibra de coco. Consequentemente, registou-se um aumento significativo das reclamações de qualidade contra os produtos do Sri Lanka, o que levou a uma suspeita geral quanto à sua qualidade.

- Investigação e desenvolvimento

O Coir Research Institute na Índia efectua investigação científica sobre várias questões importantes relacionadas com a fibra de coco. Dispõe de instalações laboratoriais bem equipadas para o processamento mecânico, a conceção de produtos, a diversificação, a identificação de novas utilizações potenciais para a fibra de coco e o estabelecimento de normas para os produtos de fibra de coco. Graças aos seus esforços, a Índia desenvolveu com êxito técnicas de retardamento de chama para a fibra de coco com borracha, que é utilizada em estofos domésticos e colchões institucionais. Além disso, as Filipinas utilizaram o pó de coco para a produção de biogás. Estes países fizeram progressos significativos na exploração de novos procedimentos e no desenvolvimento de produtos de fibra de coco inovadores. No entanto, o Sri Lanka está atrasado nestes domínios, uma vez que não existe uma organização dedicada à investigação e desenvolvimento da fibra de coco. O Instituto de Investigação do Coco no Sri Lanka centra-se exclusivamente no cultivo do coco e não efectua investigação sobre a fibra de coco e produtos afins. Consequentemente, a falta de apoio à I&D e de assistência governamental desencoraja os investidores de investirem na indústria da fibra de coco. Embora algumas empresas do sector privado no Sri Lanka desenvolvam actividades limitadas de I&D sobre a fibra de coco, os seus resultados não são divulgados publicamente. A ausência de um instituto de investigação dedicado à indústria da fibra de coco dificulta o desenvolvimento deste sector no Sri Lanka. Além disso, o Sri Lanka depende fortemente de outros países, como a Índia, no que respeita a conhecimentos técnicos e à maquinaria utilizada no fabrico de fibra de coco, o que realça ainda mais a sua dependência de fontes externas.

8.6. Custo de produção e regulamentação do sector

- Custo de produção elevado

  Os custos de produção no Sri Lanka são elevados devido à mão de obra dispendiosa. Na Índia, o salário diário é de cerca de SLR 1000, o que permite custos de produção mais baixos do que no Sri Lanka. A falta de mecanização na indústria no Sri Lanka leva a uma grande força de trabalho, aumentando ainda mais os custos de produção. Os sistemas totalmente mecanizados da Índia contribuem para reduzir os custos de produção, tornando difícil para o Sri Lanka competir no mercado global.

  A resistência à mecanização e a baixa produtividade também contribuem para os elevados custos de produção no Sri

Lanka, como os métodos lentos de fiação por corda que envolvem vários trabalhadores.

- Actividades regulamentares e controlo global deficientes
A falta de uma autoridade central que supervisione as operações da indústria da fibra de coco é um fator significativo que contribui para os actuais desafios da indústria. Na Índia, o Indian Coir Board é responsável pela regulamentação e controlo das actividades da indústria da fibra de coco. Inversamente, no Sri Lanka, a Coconut Development Authority é a única entidade incumbida desta responsabilidade.
No entanto, a autoridade para o desenvolvimento do sector dos cocos do Sri Lanka não participa ativamente na regulamentação do sector das fibras de coco. O vasto âmbito das actividades da autoridade para o desenvolvimento do sector dos cocos do Sri Lanka resulta numa falta de concentração em áreas específicas como a da fibra de coco, o que conduz a uma fraca regulamentação neste sector.

8.7. Ambiente de marketing global

- Ameaças de imitação
O sector é afetado por ameaças de imitação, que são particularmente prevalecentes. Ao contrário do que acontece na maioria das fábricas de produção de fibras de coco, não existem barreiras à entrada. No Sri Lanka, os guias turísticos levam os visitantes a estas fábricas e mostram-lhes as instalações sem quaisquer restrições. Isto expõe o processo de produção a potenciais imitadores que o podem replicar nos

seus próprios países. No entanto, na maioria dos outros países, os visitantes não podem entrar nas fábricas sem autorização prévia do conselho de administração da fibra de coco, assegurando a proteção dos segredos industriais.

- Falta de proteção dos produtos tradicionais
Vários artigos em fibra de coco, como tapetes, mantas e cordéis, fazem parte da gama de produtos tradicionais do Sri Lanka, fabricados por pequenos produtores. No entanto, os direitos de patente destes produtos foram concedidos a particulares em países estrangeiros, impedindo os produtores rurais do Sri Lanka de os venderem. Esta situação representa um desafio significativo para a continuação da produção dos produtos tradicionais de coco do Sri Lanka.

- Melhor reconhecimento dos países concorrentes
A abundância de recursos de fibras naturais da Índia, em particular a fibra de coco, chamou a atenção de investidores de países desenvolvidos que reconheceram o potencial do país. No entanto, a indústria sintética da Índia ainda está subdesenvolvida em comparação com os países ocidentais. A Geotech Pvt Ltd, com sede em Cochin, na Índia, identificou esta oportunidade e vê a Índia como um local ideal para o desenvolvimento de geotêxteis à base de fibras naturais. A empresa tomou a decisão de investir na tecnologia de geotêxteis naturais para satisfazer a procura global. Esta evolução poderá constituir uma ameaça para a presença do Sri Lanka no mercado mundial, uma vez que poderá diminuir ainda mais a sua quota de mercado.

- Concorrência dos produtos sintéticos

As fibras naturais duras, como a fibra de coco, estão atualmente a enfrentar desafios significativos devido à concorrência das fibras sintéticas, tal como salientado por Fernandez em 2003. O comércio internacional de fibra de coco e dos seus produtos diminuiu, sendo uma das principais razões o aumento das alternativas sintéticas.

O principal mercado para os produtos de fibra de coco são os EUA, que importam cerca de 37% do total global, enquanto os países da UE representam aproximadamente 47%, de acordo com Fernandez em 2003. No entanto, não existem dados fiáveis sobre o consumo de fibras e produtos de coco no Sri Lanka.

Apesar da biodegradabilidade da fibra de coco, a procura de escovas de coco no Sri Lanka tem vindo a diminuir ao longo dos anos devido à disponibilidade de alternativas sintéticas com cerdas sintéticas que são mais duráveis e económicas. A popularidade e a competitividade crescentes das fibras sintéticas representam uma ameaça significativa para a indústria da fibra de coco no Sri Lanka, especialmente em aplicações que exigem uma elevada resistência e durabilidade, como a prevenção da erosão marítima.

9. ESTRATÉGIAS

A análise da importância do sector da fibra de coco em declínio e dos elementos que o influenciam realça a necessidade crítica de melhorar e expandir a indústria da fibra de coco no Sri Lanka como uma questão premente.

Seguem-se algumas sugestões para revitalizar a indústria da fibra de coco e posicioná-la como uma empresa global sustentável e lucrativa.

9.1. Mudanças de política

- Criação de um instituto dedicado à turfa de coco

  No Sri Lanka, várias instituições como o Export Development Board (EDB), a Coconut Development Authority (CDA), o Coconut Research Institute (CRI) e a Sri Lanka Coir & Allied Products Manufacturing Association (SLACMA) estão envolvidas na indústria da fibra de coco, mas carecem de coordenação.

  Estas instituições têm objectivos e interesses distintos, o que gera confusão sobre qual a agência a contactar e pontos de vista contraditórios.

  Sugere-se que estas agências sejam centralizadas num único organismo para melhorar a coordenação, eliminar a duplicação de esforços e alargar o papel das partes interessadas do sector.

  Este organismo centralizado desenvolveria políticas e regulamentos que beneficiariam os moleiros, fabricantes e exportadores, exigindo o apoio dos decisores políticos para a sua criação.

- Estabelecimento de um Centro de Investigação e Desenvolvimento da Turfa de Coco

  Uma opção consiste em criar um Instituto de Investigação da Fibra de Coco, enquanto outra opção consiste em atribuir ao CRI existente a responsabilidade pela realização de actividades de I&D destinadas a aumentar a produtividade e a introduzir alterações tecnológicas na indústria da fibra de coco. É fundamental que o governo desempenhe um papel mais pró-ativo na prestação de assistência financeira aos industriais, na oferta de formação em vários aspectos da indústria e na introdução de novas tecnologias. A utilização atual de tecnologia primitiva está a resultar numa baixa produtividade e em margens de lucro reduzidas. Para melhorar a indústria, a organização de I&D deve procurar financiamento para os esforços de investigação e promover parcerias entre os sectores público e privado através de seminários, workshops, troca de informações e investigação em colaboração.

- Política de apoio aos preços

  A aplicação de um preço mínimo trará vantagens a vários intervenientes no sector das fibras de coco, nomeadamente aos fabricantes de fibras.

  Por exemplo, durante os períodos de redução da procura de fibras para colchões a nível mundial, o seu preço desce rapidamente, o que conduz a preços de compra mais baixos para os produtores.

  Esta situação pode resultar no encerramento de fábricas ou na necessidade de aumentar os preços de outros tipos de fibra, como a fibra de cerdas e o O-mat, para se manterem competitivos.

Ao estabelecer um preço mínimo, os moleiros podem manter as suas operações, garantindo um fornecimento constante de matéria-prima às fábricas e aos exportadores.

A introdução de um preço mínimo para os produtos de coco exportados evitará a subcotação dos preços por parte dos pequenos comerciantes, assegurando um mercado mundial estável para estes produtos.

O governo deve tomar medidas para estabelecer e aplicar uma política de preços mínimos para todos os exportadores, a fim de manter a estabilidade do mercado e apoiar a sustentabilidade do sector.

- Desenvolvimento de uma transportadora nacional de carga marítima

Atualmente, a SLSC, a transportadora nacional do Sri Lanka, possui um número limitado de navios, o que dificulta o transporte eficaz da fibra de coco e dos produtos afins para os mercados mundiais, uma vez que os navios estão ocupados com viagens curtas para a Índia e o Médio Oriente. Poderá ser essencial uma eventual reestruturação da empresa pública Sri Lanka Shipping Corporation, uma vez que é urgente aumentar a frota para apoiar a indústria nacional da fibra de coco.

9.2. Melhoria das condições de trabalho

- Criação de ambientes de trabalho seguros e higiénicos

O reforço das normas de segurança e higiene nas fábricas de fibras e nas fábricas é crucial para o bem-estar dos trabalhadores. É imperativo que o governo implemente e monitorize o cumprimento das normas laborais e de segurança por parte dos moleiros e proprietários de fábricas para garantir um ambiente de trabalho seguro. É essencial fornecer aos trabalhadores equipamento de proteção adequado às condições tropicais. Devem ser efectuados exames médicos regulares aos trabalhadores para manter a sua saúde e bem-estar. É necessário dar início a sessões de formação para promover práticas de trabalho seguras. As máquinas não seguras devem ser substituídas por novas e mais seguras para evitar acidentes. A implementação de um processo de produção seguro e limpo pode ajudar a atrair indivíduos mais jovens para a indústria.

9.3. Estratégias de desenvolvimento do comércio

● Introdução da carga transbordante

A região do Sul da Ásia continua a ser vista como uma potencial zona de conflito. A fim de atenuar o impacto do aumento dos custos do frete marítimo devido aos prémios de risco de guerra, o governo deveria considerar o fretamento de navios e o transbordo de carga para países vizinhos a leste e oeste do Sri Lanka, onde esses prémios não se aplicam. A partir daí, podem ser tomadas medidas de transporte para alcançar o destino desejado. Como medida de precaução, a SLACMA planeia negociar um acordo com uma companhia marítima para consolidar as necessidades de carga dos seus membros numa base mensal ou semestral. Esta abordagem tem por objetivo garantir tarifas com desconto e minimizar o aumento anual arbitrário dos custos de transporte. (Perera, entrevista, 15 de setembro de 2001).

9.4. Estratégia de produtos melhorada

● Proposta de normas para a fibra de coco

A investigação e o desenvolvimento devem centrar-se no estabelecimento de normas internacionalmente reconhecidas para a fibra de coco e os produtos de fibra de coco, a fim de melhorar a qualidade dos produtos. Estas normas devem abranger várias propriedades e características, tais como as dimensões (comprimento e diâmetro dos fios de fibra), a cor da fibra, a densidade, a fração de pó (quantidade de medula aderida à superfície das fibras), a percentagem de impurezas, a resiliência (carga máxima que a fibra pode suportar sem perder a sua forma), a resistência à tração (carga máxima que a fibra pode suportar), o alongamento (estiramento da fibra no ponto de rutura), a absorção e retenção de água dos diferentes tipos de fibra, a longevidade das fibras (durabilidade) e o período de retração ideal para a fibra de coco.

9.5. Estratégia de diversificação

● Introdução de produtos combinados de fibra de coco e sintéticos

A crescente procura global de produtos sintéticos, conhecidos pela sua durabilidade, resistência e preço acessível em comparação com os produtos de fibra de coco, juntamente com as limitações dos produtos naturais na prevenção da erosão marítima, sugere a necessidade de introduzir uma combinação de fibras de coco naturais e materiais sintéticos. Um exemplo deste tipo de produto misto são os gabiões, que são almofadas de tecido de coco cheias de cascalho e areia para evitar a erosão do solo, encerradas num invólucro metálico. Ao adotar esta abordagem, podemos enfrentar eficazmente a concorrência dos produtos sintéticos no mercado global.

● Identificação de novas utilizações possíveis da fibra de coco
É necessário efetuar estudos exploratórios e investigação científica para descobrir novas possibilidades de utilização da fibra de coco. Algumas vias potenciais para o desenvolvimento e o melhoramento de produtos incluem a combinação da fibra de coco com outras fibras naturais para várias aplicações, como a criação de tapetes ou tapetes tecidos com texturas únicas. A fibra de coco também pode ser utilizada para fabricar feltros agulhados de fibra de coco, relva de fibra de coco em bases de PVC ou borracha, substratos misturados com fibra de coco para o cultivo de culturas, bem como produtos absorventes de óleo e retardadores de chama. Além disso, a fibra de coco tem aplicações potenciais na insonorização e noutros domínios.

● Oportunidades para os subprodutos da indústria da fibra de coco
É essencial promover e melhorar a utilização dos subprodutos da indústria da fibra de coco, como a medula de coco, tal como salientado por A. Perera numa entrevista em 15 de setembro de 2001. A medula de coco está a ganhar uma popularidade

significativa como meio de plantação sustentável, apresentando uma perspetiva comercial lucrativa.

9.6. Melhoria da tecnologia

● Mecanização da indústria de fibras de coco no Sri Lanka

O desenvolvimento da indústria requer a implementação da mecanização, que é crucial para países como a Índia, as Filipinas e a Malásia, uma vez que têm ambientes totalmente mecanizados nas suas fábricas e moinhos. Isto não só aumenta a produtividade e melhora a qualidade dos produtos, como também reduz os custos de produção. No entanto, o Sri Lanka, onde os custos de mão de obra são elevados, precisa de adotar a mecanização para competir com outros países em termos de produtos de alta qualidade e de baixo preço.

A mecanização ajuda a reduzir a mão de obra e os custos de produção, mas não leva a despedimentos graves, uma vez que o volume de produtos manuseados aumenta. Para encorajar os aldeões do Sri Lanka a adotar a mecanização, podem ser mostrados vídeos promocionais de fábricas e moinhos em países como a Índia aos moinhos de fibras, motivando-os e à sua força de trabalho a adotar a mecanização. Além disso, a mecanização das fábricas pode atrair a geração mais jovem, eliminando a perceção de uma "indústria suja" e aumentando o prestígio da indústria. É importante encontrar um equilíbrio entre a tecnologia tradicional e a moderna e explorar formas de melhorar os métodos tradicionais para uma produção mais rápida.

9.7. Estratégia de sensibilização para a qualidade

● Garantia de qualidade

Para minimizar as queixas de qualidade dos compradores internacionais e evitar que produtos de qualidade inferior entrem nos mercados globais, é crucial fornecer certificação de qualidade para todos os produtos. Além disso, devem ser efectuados testes de amostras antes da expedição para cada categoria de produto, de modo a cumprir as normas de qualidade internacionais. Para garantir um controlo de qualidade adequado, é necessário implementar medidas para os produtos exportados. O governo deve estabelecer políticas e regulamentos para registar os exportadores e os moleiros de fibra de coco numa instituição centralizada, uma vez que isto é essencial para o sucesso do negócio internacional.

9.8. Desenvolvimento do mercado

● Capacidade máxima de utilização em mercados parcialmente explorados e em novos mercados

O potencial inexplorado da fibra de coco inclui aplicações no controlo da erosão, isolamento, materiais de construção e produção de painéis de fibras ecológicos, oferecendo alternativas sustentáveis aos materiais tradicionais.

Os produtores e exportadores do Sri Lanka devem concentrar-se em utilizações inovadoras da fibra de coco, realizando investigação e desenvolvimento para alargar as oportunidades de mercado e maximizar a utilização dos recursos para uma sustentabilidade a longo prazo.

● Criação de um centro de informação às empresas

É essencial criar um centro de informação empresarial moderno que ofereça uma vasta gama de informações locais e internacionais sobre o comércio de fibra de coco. Este centro forneceria apoio técnico, conhecimentos sobre o mercado e assistência no planeamento de empresas do sector da fibra de coco no país. Além disso, promoveria os produtos de fibra de coco do Sri Lanka nos mercados globais, ajudando os produtores e exportadores a expandir-se para novos mercados. Estes esforços reforçariam a reputação e a confiança dos empresários locais no sector da fibra de coco. O centro também ofereceria instalações como uma biblioteca e ligações a sítios Web para facilitar o comércio internacional, incluindo o alojamento de sítios Web para exportadores de pequena e média escala.

9.9. Reforço da posição

● Proteção dos produtos tradicionais de coco do Sri Lanka

Para evitar potenciais imitações por parte de fabricantes estrangeiros, é crucial salvaguardar os produtos de fibra de coco do Sri Lanka. Este objetivo pode ser alcançado através da implementação de restrições rigorosas ao acesso não autorizado às fábricas, protegendo assim as competências técnicas e o conhecimento dos produtos. Além disso, o governo deve apoiar os produtores na proteção dos direitos de propriedade intelectual de produtos específicos, tanto a nível nacional como internacional. É também importante patentear produtos locais especializados antes de estes entrarem no mercado global. Além disso, as autoridades devem manter-se vigilantes e cautelosas relativamente a indivíduos que procuram obter patentes para produtos tradicionais do Sri Lanka.

9.10. Reforço da cooperação regional

● Formação de uma aliança estratégica

Este artigo salienta as fraquezas do Sri Lanka na arena do comércio internacional, nomeadamente no que respeita à negociação de direitos aduaneiros mais baixos sobre a fibra de coco. Para resolver este problema, propõe-se uma aliança estratégica, em que os países asiáticos produtores de coco ou os países da comunidade de coco da Ásia e do Pacífico assumam a liderança na aproximação dos países produtores e exportadores de fibras. Com a criação e o apoio da Aliança para a Cooperação Regional da Ásia do Sul (SAARC), a Índia e o Sri Lanka, como principais exportadores de fibras, podem iniciar conjuntamente esta aliança. As discussões comerciais podem ser facilitadas por organizações como a Organização Mundial do Comércio (OMC) e a Organização para a Alimentação e a Agricultura (FAO). A aliança pode centrar-se em vários tópicos, incluindo I&D conjunta, desenvolvimento de produtos de valor acrescentado, processos de produção, estudos de mercado, aumento da produtividade e programas de melhoria da qualidade.

10. ESTRATÉGIAS PRIORITÁRIAS E PLANO DE ACÇÃO DESENVOLVIDO

(Mallikarachchi, M. A. K. D., Dharmadasa, R. A. P., Amarakoon, A. M. C., & Wickramarathna, S. C. (2024). Analyse the Coir Substrate Industry in Sri Lanka through a SWOT Exploration)

	Estratégia prioritária	Plano de ação
1	Desenvolver e aplicar um plano estratégico para colmatar as lacunas do sector através do trabalho de colaboração entre o CDA e as associações industriais conexas	Desenvolvimento de planos de ação para mitigar os desafios imediatos e a longo prazo da indústria pela CDA e associações industriais relacionadas
2	Organização de feiras internacionais no país	Organização a nível internacional de uma campanha baseada na fibra de coco substrato da feira comercial no país com um calendário claro
3	Introdução de um logótipo normalizado para reconhecimento internacional como um produto de marca do Sri Lanka	Apresentação de um logótipo para produtos de substrato de fibra de coco de qualidade da CDA
4	Promover a produção de produtos com maior valor acrescentado por parte dos fabricantes que atualmente exportam em bruto sem valor acrescentado	Impor regulamentação e aumentar o imposto/taxa para as matérias que são exportadas em bruto sem valor acrescentado Realização de sessões destinadas aos fabricantes de extensão sobre a importância do valor acrescentado das matérias-primas que exportam
5	Foco no produto e no mercado Diversificação	Organizar um concurso entre investigadores, fabricantes e outras partes relacionadas para obter novas ideias e sugestões para promover inovações no sector dos substratos de fibra de coco Desenvolvimento de protótipos inovadores relacionados com substratos de fibra de coco pela CRI

6	Criação de uma zona de transformação fora do triângulo dos cocos	Estabelecimento de uma zona de transformação de substrato de coco relacionada com o mintriângulo do coco Desenvolvimento de infra-estruturas relacionadas com o mini-triângulo do coco
7	Extensão sobre a importância de obter normas/directrizes de qualidade internacionalmente aceites com um certificado para os produtos do Sri Lanka	Realização de programas de extensão para os fabricantes sobre diferentes certificações de qualidade e institutos emissores e manutenção da qualidade adequada dos produtos de substrato através da participação do CDA e de outras associações industriais conexas
8	Criação de uma plataforma de acesso a informações sobre o mercado mundial	Lançar um sítio Web com todos os dados disponíveis relacionados com as exportações do Sri Lanka e, ao longo dos anos, com os países exigentes e a produção mundial de substratos de fibra de coco. Atualizar frequentemente o sítio Web com dados actuais Lançar uma aplicação móvel acessível a todas as partes interessadas com as informações acima referidas e informações actuais Introduzir um boletim informativo eletrónico mensal e difundi-la entre toda a fraternidade
9	Criar um centro para manter os testes laboratoriais necessários para a manutenção da qualidade	Estabelecimento de um laboratório com todas as instalações necessárias para o ensaio adequado de amostras de produtos de substrato de coco no triângulo do coco
10	Estabelecimento de postos de promoção em todos os aeroportos e portos do Sri Lanka	Estabelecer pontos de venda a retalho de produtos à base de coco nos portos e aeroportos do Sri Lanka
11	Desenvolver uma campanha de sensibilização interna para promover a consciencialização da comunidade local sobre o "Programa Kapruka" e a importância da casca de coco para as indústrias transformadoras	Anúncios na televisão e noutros meios de comunicação social para transmitir informações à sociedade sobre a importância das cascas de coco e o valor dos seus produtos para o rendimento nacional. Executar corretamente o programa Kapruka e inspecionar o programa através dos responsáveis regionais do CDA
12	Realização de investigação para estimar as cascas de coco utilizáveis no mercado interno	Realização de estudos de mercado a nível nacional relacionados com a indústria de substratos de coco para determinar a disponibilidade de recursos e os padrões de

		utilização da casca de coco à escala industrial e doméstica
13	Introdução de máquinas de baixo custo	Reduzir os direitos aduaneiros aplicáveis às importações de máquinas e criar um mecanismo de reembolso de impostos para o investimento em máquinas, a fim de promover a importação de novas máquinas Desenvolvimento de uma fase de introdução de máquinas inovadoras para os produtores locais
14	Introdução de níveis ecológicos de produtos químicos utilizados para tamponamento	Com o envolvimento da Autoridade Ambiental Central (CEA) e da CDA, é necessário determinar uma gama química adequada para o tamponamento químico e informar os fabricantes sobre os impactos sociais e económicos do tamponamento e as gamas químicas máximas que podem ser incluídas nas águas residuais Introdução de outros métodos de tamponamento químico com um impacto mínimo no ambiente, para além do nitrato de cálcio. (Ex: Sulfato de cálcio, carbonato de cálcio, bicarbonato de cálcio, oxalato de cálcio, etc.)
15	Maximizar a produtividade das plantações de coqueiros existentes	Aumentar o número de novas árvores por hectare e introduzir diferentes variedades - Variedades híbridas - Variedades resistentes à seca - Variedades que ocupam menos espaço Realização de pesquisas para identificar o controlo de pragas e doenças para minimizar os seus impactos na casca
16	Introdução de regimes de empréstimos a juros baixos para sistemas solares	Desenvolver um procedimento para conceder um subsídio para painéis solares ou introduzir um regime de empréstimos a juros baixos para os fabricantes, com a colaboração do governo e dos bancos privados
17	Desenvolvimento e gestão sustentável dos solos	Desenvolver uma campanha de sensibilização com um incentivo para encorajar a cultura do coco residencial, com um calendário adequado e um número-alvo de árvores por região Elaborar um plano pormenorizado para a libertação de terrenos governamentais não utilizados para o sector privado em regime de arrendamento, com um objetivo de libertação

		anual, com especial atenção para as partes interessadas do sector Introduzir um plano de marcos normalizado para os produtores do sector privado que recebem terras do governo em regime de arrendamento e acompanhar os progressos

11. CONCLUSÃO

A indústria do cocopeat no Sri Lanka passou da gestão de resíduos para um produto rentável, dando um contributo económico significativo. A transição de uma operação em pequena escala para uma grande empresa comercial posicionou o país como o terceiro maior exportador de cocopeat a nível mundial. Apesar de desafios como as flutuações de preços e o aumento da concorrência, o cocopeat do Sri Lanka mantém uma forte presença no mercado devido à sua qualidade superior e benefícios inerentes. O crescimento da indústria está em linha com as tendências globais centradas na agricultura ecológica, nas práticas sustentáveis e na procura crescente de produtos biológicos.

A investigação teve como objetivo descobrir as causas do declínio da indústria de fibras de coco do Sri Lanka e propor estratégias para a sua revitalização, uma vez que esta indústria desempenha um papel significativo nas receitas em divisas do país, sendo o principal fornecedor de fibras castanhas a nível mundial.

A indústria apoia numerosas empresas locais que dão emprego a uma grande força de trabalho, o que faz com que uma recessão seja prejudicial para a estabilidade socioeconómica do país.

Além disso, o impacto ambiental da eliminação da casca de coco, os desafios enfrentados no comércio internacional de fibra de coco e vários factores que contribuem para esse impacto, como as barreiras comerciais, a concorrência de alternativas sintéticas e a regulamentação inadequada da indústria, foram destacados como preocupações importantes que devem ser abordadas para o crescimento e a sustentabilidade da indústria.

A fim de manter e melhorar a sua posição atual, a indústria de cocopeat no Sri Lanka deve dar prioridade à inovação contínua, à diversificação do mercado, às medidas de sustentabilidade e às parcerias estratégicas. Ao adotar estas recomendações e capitalizar as oportunidades emergentes nos mercados regionais e globais, a indústria está bem posicionada para um maior crescimento.

12. RECOMENDAÇÕES

- Expandir a gama de produtos de cocopeat para atender a diferentes indústrias e suas necessidades específicas, oferecendo misturas personalizadas, variações de tamanho e composição. Isto pode ajudar a conquistar nichos de mercado e proporcionar uma vantagem competitiva.

- Manter uma forte ênfase no controlo da qualidade e na inovação para preservar as qualidades únicas do cocopeat do Sri Lanka. O desenvolvimento de fórmulas melhoradas ou de produtos de valor acrescentado pode atrair novos segmentos de mercado.

- Explorar novos mercados e reforçar as parcerias existentes para aumentar a penetração no mercado. Colaborar estrategicamente com instituições de investigação agrícola, governos e empresas privadas para promover as vantagens do cocopeat e expandir as suas aplicações.

- Implementar práticas sustentáveis em todo o processo de produção para reforçar a reputação ecológica do cocopeat.

- Manter-se informado sobre as tendências do mercado global, as mudanças na procura e a evolução das preferências dos consumidores. Adaptar-se rapidamente às mudanças e aproveitar os avanços tecnológicos para melhorar a eficiência da produção e responder eficazmente ao mercado.

- O desenvolvimento futuro das unidades de produção de fibra de coco e a promoção das exportações podem ser reforçados através da introdução de novos produtos e modelos inovadores, da melhoria da qualidade dos produtos através de novas tecnologias, da garantia de um abastecimento ininterrupto de eletricidade para uma produção máxima e da organização de seminários e workshops sobre o valor acrescentado nas línguas locais nos centros de produção de fibra de coco.

● É essencial fornecer aos produtores de fibras informações sobre os mercados internacionais, as tendências de preços e as questões comerciais em seu benefício, oferecer formação orientada para a exportação pelo Conselho da Fibra de Coco e fornecer periodicamente orientação de marketing internacional para impulsionar as exportações.

● A investigação do Central Coir Research Institute sobre a coloração natural pode ajudar a produzir produtos ecológicos, satisfazendo a elevada procura nos mercados estrangeiros, enquanto o Governo Central, os Governos Estaduais, o Coir Board e as ONG devem colaborar para melhorar a qualidade dos produtos de fibra de coco, de modo a satisfazer as normas internacionais, e realizar campanhas de exportação para aumentar as exportações.

13. REFERÊNCIAS

I. Bhatta, K., Ohe, Y., & Ciani, A. (2020). Quais recursos humanos são importantes para transformar o potencial do agroturismo em realidade? Análise SWOT no Nepal rural. *Agricultura*, 10 (6), 197. MDPI AG.

II. Denton, D. K. (1999). Ganhar competitividade através da inovação. *Jornal Europeu de Gestão da Inovação, 2*(2), 82-85.

III. Fernandez, C. (1999). Promoção dos produtos de coco no mercado mundial.

IV. Fernandez, C. (2003). ALIANÇA ESTRATÉGICA PARA O DESENVOLVIMENTO DA INDÚSTRIA DA FIBRA DE COCO NOS PAÍSES APCC E PERSPECTIVAS DE PROCURA DE PRODUTOS DE FIBRA DE COCO EM APLICAÇÕES ECOLÓGICAS.

V. Fornes, F., Belda, R. M., Abad, M., Noguera, P., Puchades, R., Maquieira, A., & Noguera, V. (2003). A microestrutura dos pós de coco para uso como alternativa à turfa em meios de cultivo sem solo. *Australian Journal of Experimental Agriculture, 43*(9), 1171-1179.

VI. Isaac, T. T., Stuijvenberg, P. V., & Nair, K. N. (1992). Modernização e emprego - a indústria do coco em Kerala.

VII. Kavitha, M. (2015). Processo de produção de fibra de coco e produtos de fibra de coco. *IMPACTO: IJRBM, 3*(3), 39-47.

VIII. Kazimi, R., Tajzadah, A. W., & Merzai, M. S. (2024). Impacto do meio de cultura alternativo em combinação com Jeevamrit no crescimento do morango e nos parâmetros de qualidade do fruto em condições de campo aberto. *Multidisciplinary Science Journal, 6*(10), 2024212-2024212.

IX.   Krishnathulasimani, P., & Sathish, M. N. A STUDY ON PROBLEMS AND PROSPECTS OF EXPORT OF COIR INDUSTRY-A CASE STUDY.

X.   Mallikarachchi, M. A. K. D., Dharmadasa, R. A. P., Amarakoon, A. M. C., & Wickramarathna, S. C. (2024). Analisar a indústria de substratos de coco no Sri Lanka através de uma exploração SWOT.

XI.   Muneeswaran, K., & Kesavan, N. Growth and Development of coir industry in India (Crescimento e desenvolvimento da indústria da fibra de coco na Índia). *Mukt Shabd, 11.*

XII.   Muneeswaran, K., & Kesavan, N. Growth and Development of coir industry in India (Crescimento e desenvolvimento da indústria da fibra de coco na Índia). *Mukt Shabd, 11.*

XIII.   Offord, C. A., Muir, S., & Tyler, J. L. (1998). Crescimento de plantas australianas seleccionadas em meios sem solo utilizando fibra de coco como substituto da turfa. *Australian Journal of Experimental Agriculture, 38*(8), 879-887.

XIV.   Rosairo, H. R., Kawamura, T., & Peiris, T. S. (2004). A indústria da fibra de coco no Sri Lanka: Razões para o seu declínio e possíveis estratégias de recuperação. *Agribusiness: an international journal, 20*(4), 495-516.

XV.   Sarkar, S. (2012). Problemas da indústria da fibra de coco em Bengala Ocidental: uma análise. *Estudos Económicos, 125.*

XVI.   Senthilkumar, R. (2015). Problemas e perspectivas da indústria de fibra de coco. *Jornal de Investigação da Ásia-Pacífico, 1.*

XVII.   Singh, A. K. (2023). *Horticultural Practices and Post-Harvest Technology (Práticas hortícolas e tecnologia pós-colheita).* Editora Académica Guru.

XVIII. Tanwani, R. M. (2020). Desempenho da indústria de coco da Índia.

XIX. Wedathanthrige, H. (2014). Competências pessoais para a inovação: A case study of small and medium enterprises of coir industry in the North Western Province of Sri Lanka. *Ruhuna Journal of Management and finance*, *1*(1), 15-24.

yes
I want morebooks!

Buy your books fast and straightforward online - at one of world's fastest growing online book stores! Environmentally sound due to Print-on-Demand technologies.

Buy your books online at
www.morebooks.shop

Compre os seus livros mais rápido e diretamente na internet, em uma das livrarias on-line com o maior crescimento no mundo! Produção que protege o meio ambiente através das tecnologias de impressão sob demanda.

Compre os seus livros on-line em
www.morebooks.shop

Printed by Books on Demand GmbH, Norderstedt / Germany